—目 錄—

出版：超媒體出版有限公司

Printed and Published in Hong Kong

氣功防病強身淺解

▲朱兆基師傅教你氣功養身健體

氣功之說，悠來已久，有些人以為，練氣功就無所不能。當然，一般人從很多武俠小說中得悉很多對氣功的誇張描述，但是小說中誇張的是對武功的幫助，其實氣功的功能對身體健康的幫助，在小說中很少見到有人描述。

修練氣功，在日常生活中有病醫病，無病強身。平時練氣功，目的是提升人的卻病功能，提升人的先天氣質能量及靈氣。這樣做就有如把能量儲蓄一樣，到需要用的時候有能量可用。修練氣功，更可把人的衰老期延遲，此乃百利而無一害也。

修練氣功，是後天修為以補先天之不足，幾千年來，從沒有人否定過。不過，一下子說氣功，似有些摸不著頭腦，其實氣功亦有簡單的和高深的。其高深之處，有如飛龍在天，可望而不可即，簡單之處有如見龍在田，垂手可得。修練氣功當然要得法，所謂：有師傳授三兩點，無師傳授枉勞心。以前，我師常言：我師武藝最難尋，有幸得逢到少林，世間多少豪傑仕，無師傳授枉勞心；相逢不是忠良輩，他有千金也不傳，學得佛門真妙法，縱然廢石也金磚。故此，無師傳授，乃潛龍勿用；少時不練，亢龍有悔。如今社會，一切都歸於平淡，無論高深也好，簡單也好，只要有緣，有誠意，有勤奮之心，都很容易練得好的氣功。

殊不知，氣功之道除了卻病強身之外，更可抗敵防身，有助人的反擊力。此乃龍戰于野之說，任何一個有學問的人都知道，人的潛能是無窮無盡的，我們在日常所用到的，可能是你本身潛能的幾萬份之一。很多人都聽過一種說法，有些人於危急中突然發揮出平日無可能做到的力量，這種力量就是我們本質上存在的潛能，修練氣功，就是要把本身的潛能提升。如果能把人身的潛能提升，揮發自如，達至除病強身，延年益壽，那就是飛龍在天了。

兵書有云：朝銳，晝惰，夜歸。此乃人之習性，如果我們能時常保持著朝銳之心，正是天行健，君子以自強不息。修練氣功之基本，放鬆，從容不迫，身心舒泰，猶如保持心境之豁達。此是地勢坤，君子以厚德載物。是以，修練氣功，不單只是強身防病那麼簡單，也可收寧靜，修身之果，人能如此，更可收人和之效，於處世修行亦有莫大之裨益也。

龍蛇龜鶴獅之五靈氣功

龍、蛇、龜、鶴、獅五靈氣功，動作有快有慢，力氣綿綿，舒筋活絡，伸展自然，主練肩膊、手腕、腰脛、步胯，氣通、行血、筋強、骨壯、皮彈、肉堅、精神氣旺、六腑調和、生津、出入暢順。

(一) 五靈氣功(龍形)

▲ 1. 全身放鬆下坐勢，龍行虎步欲飛天。(兩手無力放鬆、兩臂張開)

▲ 2. 提肩運轉爪蟠龍，雙腿微升關下鎖。(左手上、右手下、掌心相向)

▲ 3. 伸腰探背龍探爪，神龍搖身力臂通。(手隨身轉，左馬如弓、右馬如箭)

▲ 4. 翻雲霞雨腰着力，拖步腰旋轉下胯。(身不變，左右手上下調換)

▲ 5. 磨盤輕坐騎龍勢，腰膊動搖無高低。
（手隨身轉，子午馬轉四平馬）

▲ 6. 神龍伸腰爪前探，步履行雲固腎腰。
（轉腰四手轉子午，手隨身轉，腰伸前）

▲ 7. 浮沉吞吐腰着力，袖裡藏花暗自知。
（兩手上下轉換，坐四平馬）

▲ 8. 回龍顧祖金鎖扣，坐着崑崙不動山
（坐正四平馬，掌心掌心，力貫於腰背。

（二）五靈氣功（蛇形）

▲ 1. 盤蛇守洞氣勢強，不許旁人撥花草。
（四平馬、兩手臂向上提，掌心向下放鬆）

▲ 2. 風吹草動蛇昂首，莫說靜中求變急。
（右手反掌心向上，左手隨向前守中）

▲ 3. 翻身旋打蛇出洞，腰馬合一氣勢虹。
（右手轉勢橫打出，力在前臂）

▲ 4. 毒蛇攔路心明鏡，前路崎嶇步勢平。
（身形馬步半轉成不弓不箭，右手由下向上）

▲ 5. 突然使出鎖喉勁，袖裡藏針分外險。
（右手前臂旋轉、掌心向下）

▲ 6. 靈蛇翻身昂頭上，腰旋步轉力在跨。
（手隨身轉，腰肢着力，指尖向上發力）

▲ 7. 反手靈蛇尋仙果，力透手腕指發勁。
（身不轉、手腕轉，指尖由上向下轉）

▲ 8. 盤身昂首露半遮，潛伏勁勢復追風。
（手隨身轉，上下封門，成盤龍蛇昂首式）

（三）五靈氣功（龜形）

▲ 1. 站樁沉氣氣自然，蓄勢合胸拔背起。
（雙手用力下按，氣上提，含胸拔背）

▲ 2. 提氣上昇腹中空，步穩有如泰山石。
（氣隨雙臂向上提，力聚腿臀間）

▲ 3. 吞吐浮沉氣下行，腰鬆背拔丹田氣。
（腰肢下沉，雙臂由上而下，氣提起含胸拔背）

▲ 4. 力推華山氣聚蓄，吞吐開合勢自然。
（雙掌由外而用力向內沉，氣行週身渾行）

▲ 5. 伸腰推前氣暫閉，胸腹轉磨力腰間。
（雙掌前伸，力在胸背腰間，閉氣）

▲ 6. 鬆氣還面似昂首，腰馬胯放似無力。
（四方坐四平馬，雙臂隨身轉動，全身放鬆）

▲ 7. 回身低馬四平力，蓄勢發力在腰間。
（身伏向前，力聚肩胛之間）

▲ 8. 跨沉腰直背頂天，力撐橫跨箭在弦。
（吸氣，然後吐氣，雙手隨後向後推，力透全身）

（四）五靈氣功（鶴形）

▲ 1. 鶴手提勢倍自然，神閒氣緩語無言。
（五指緊合，手腕曲，手背前頂，上下不定）

▲ 2. 鶴身提足立鷄群，腰挺頸頂氣自然。
（手形不變，吊馬提氣腰肢筆直氣自然）

▲ 3. 風吹草動翻雲過，身擺腰搖腳定形。
（雙手兩分指尖梳，不丁不八身形隨風吹前後搖）

▲ 4. 餓鶴尋蝦腳尖力，腰挺神足勢直衝。
（雙手下按腰挺直，腳隨手下腳踢起，腳尖與膝腿成一直綫）

▲ 5. 橫雲細雨雙飛鶴，氣定神閒心自知。
（雙手指尖上提，上下撲翼指掌開合不定.）

▲ 6. 飛鶴雙提腕力足，腰胯馬步勢如虹。
（雙手由兩旁轉向前方，手形不變手腕着力）

▲ 7. 忽然一陣風雲雨，鶴翔萬里心意平。
（雙手指尖緊合放鬆，如梳下按，膝隨即向上）

▲ 8. 飛鶴衝天一瞬間，來回重做十多回。
（雙手向下，膝頂向上撞，來回重覆十多次）

（五）五靈氣功（獅形）

▲ 1. 獅王盤山勢倍雄，看似沉睡目如電。
（身如撲勢，腰膝着力。雙掌向外撐）

▲ 2. 偶一反身風雲變，目光如炬勢如雷。
（挺腰昂首，雙手反轉陽掌變陰掌，氣聚丹田）

▲ 3. 呼風喚雨山搖動，腰腹浮沉翻浪江。
（雙掌力由臂下，向內成抱勢，腹部之氣上下吞吐）

▲ 4. 力拔山河氣上燃，腰馬穩如鐵塔坐。
（雙掌向上托抱之勢，運氣徐徐內吸收腹擴胸）

▲ 5. 提氣上揚擒狼勢，氣由胸腹聚丹田。
（腰肢直、氣上提，雙手向後縮擒狼之勢）

▲ 6. 獅吼一響山搖動，丹田吐氣勢如虹。
（全身力向前，雙手由肩向前，氣由丹田向上）

▲ 7. 提氣上揚擒雲勢，氣由胸腹聚丹田。
（腰肢轉氣上提，雙手向後縮如擒狼之勢）

▲ 8. 獅吼一響山搖動，丹田吐氣勢如虹。
（全身力向前，雙手肩向前氣由丹田向上）

擊退都市病之獨門氣功

氣功大師針對都市人急的生活節奏，創出「都市人三分鐘健體氣功」。有病醫病，無病強身，助你改善身體問題如失眠、減肥等。

（一）治療膝關節痛

人平坐，腳成四十五度曲，雙手掌心緊按膝頭菠蘿蓋，五指分佈膝蓋之周圍，呼吸自然，五指慢慢輕按，時加移動掌心不變，以掌心真氣直透膝蓋，日久練之，使雙膝有力，有減低疼痛之效。

▲步驟 1：掌心緊貼菠蘿蓋，五指分散輕按菠蘿蓋四周。

▲步驟 2:如上勢掌心輕轉輕旋，五指伸展收緊來回不斷。

▲步驟 3：掌心貼大腿，拇指輕按內側肝經和腎經，無名指按外側之膀胱經來回上下重覆按摩。

▲步驟 4：手指輕按腳側之陰陵泉之穴位，利尿去水，有治腹脹水腫之功。

▲步驟 5：掌心五指膝蓋上來回旋轉，目的使指掌與膝蓋之間產生暖流，使人全身增強敏感度，輕按之中配合呼吸節奏。功效較快較好。

雙掌上下來回緊按推動，令人精神振奮，更有舒筋活絡的功效，四肢變得強壯有力。

▲步驟 6：兩手用微力向上拉，按中氣由丹田提升，提升至頂則緩緩閉氣然後放鬆。

▲步驟 7：承上圖閉氣放鬆後，兩手發力微微向下推，提升之氣則由中緩緩向下吐氣。

（二）修大腿肉

此乃膽經屬少陽，主消化系統，行氣活血，平衡血糖，改善失眠，所謂肝膽相照，經常拍打效果顯著。

▲步驟 1：拍打時雙手放鬆，力度重一點也沒問題。

▲步驟 2：連續不斷拍打，腰勢也不斷順從下勢向下來回起落，用力打大約五分鐘。來回重複拍打六至九次。

▲步驟 3：腰勢緩緩順從力打之勢向下，呼吸之法，打時呼，鬆時吸。

▲步驟 4：雙手力打至最下端時最好停留一兩秒換氣，然後再向上拍打順勢來回。

拍打足三里，此乃胃經，多拍打有助消化，對胃痛，腹脹和痢疾很有幫助，亦有收肚腩之功效。

▲步驟 5：拍打足三里時，坐着的姿勢拍打點較為準確。

▲步驟 6：拍打時可兩手一齊拍打，亦可分開左右來回拍打，功效都是一樣的。

（三）治腎虧＋子宮毛病

▲步驟 1：兩手合掌上下來回按摩大腿內側的肝經和腎經。

▲步驟 2：兩手按至最下時用點力輕扣內側之腿肉。

▲步驟 3：拍打方式可直接刺激肝經和腎經。

▲步驟 4：來回拍打時身形微側，可令準確度高一點。

▲步驟 5：拍打時可快可慢，隨心之意順打則可。

（四）治頸痛

頸百勞，大堆穴之地方常常來回按摩，促進血液循環，驅風散寒，對頭痛、頭暈、失眠、頸膊酸痛有非常好的效果。

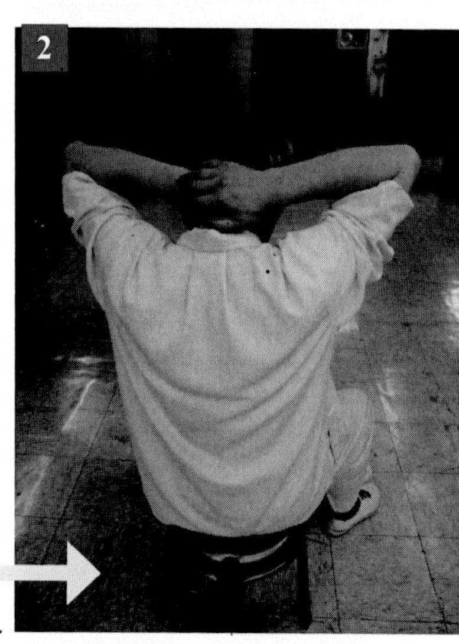

▲步驟 1：兩手重疊，輕輕將掌心放於頸中的頸百勞和大堆穴之地方。

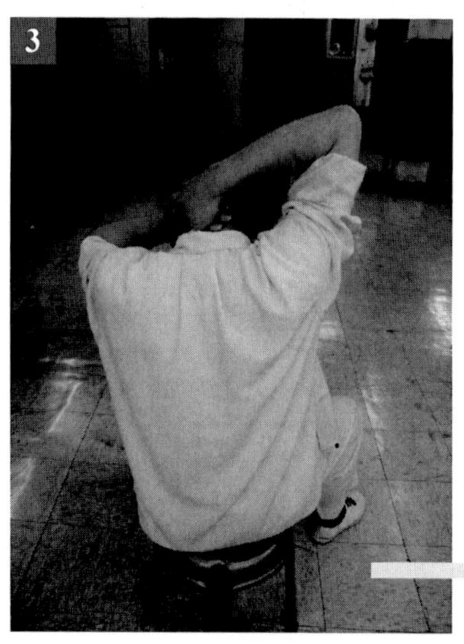

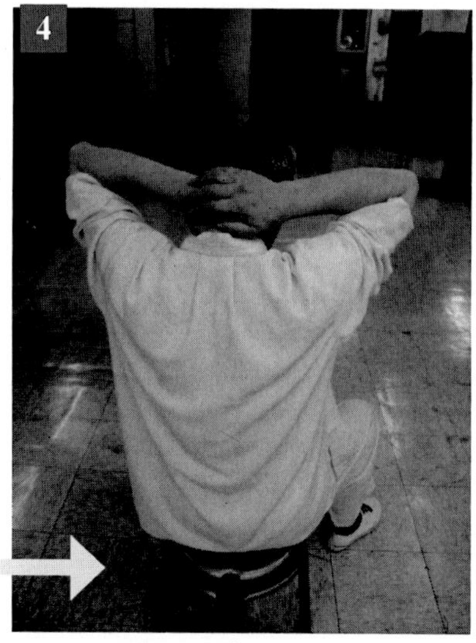

▲步驟 2：兩手左右來回重覆按摩，力度不宜太重。

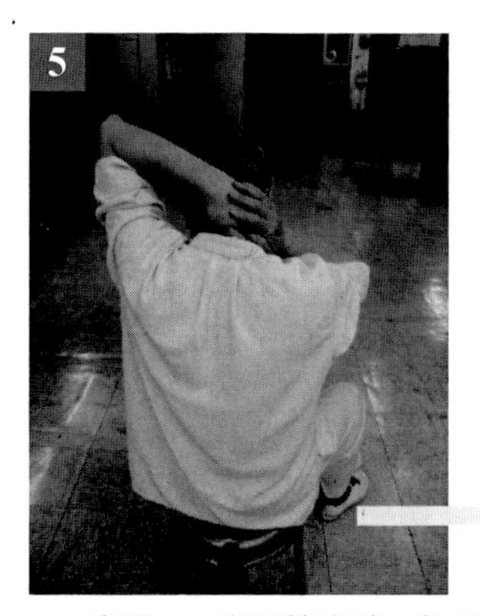

▲步驟 3：來回按摩時，如果兩手疲勞了，亦可休息一下的。

▲步驟 4：由於不斷按摩，大堆穴的位置會微微發熱的，這是正常反應。

▲步驟 5：兩手來回按摩十分鐘，成效更為顯著。

（五）治便秘

氣海穴，管大腸，腰腎，亦為三焦之所在地，上焦管呼吸、心肺、頭腦；中焦管脾胃等消化系統；下焦管小便膀胱肛門等排泄系統。

▲步驟 1：捶腰式，兩手可上下來回捶打或上下按摩。

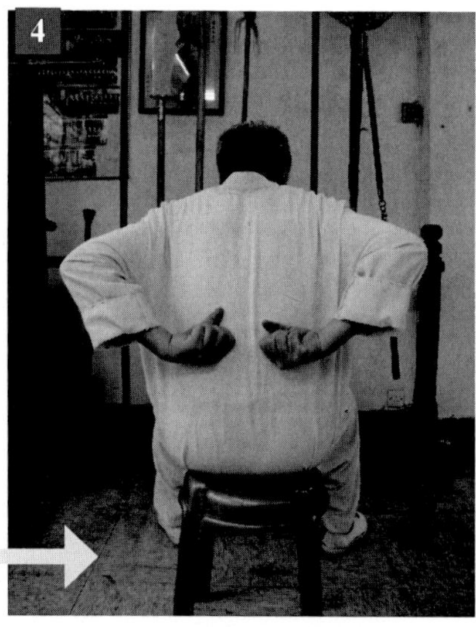

▲步驟 2：如此按摩背部，也可以直接按摩腰部神經，也可練習兩手的靈活性。

（六）治腰痛

兩手手指緊扣，拇指與食指平按上下來回，加薄荷膏更好，能使人腰肢有力，減低疲勞，對經常腰痛者有非常顯著的效果。

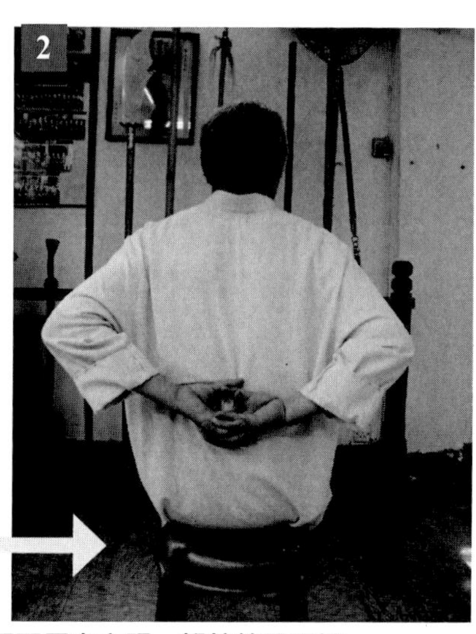

▲步驟 1：此按摩方式，如在家中可不用穿衣服，鍛鍊效果更好。

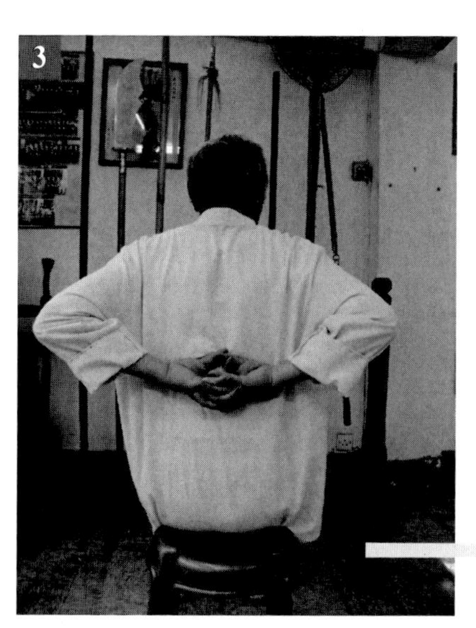
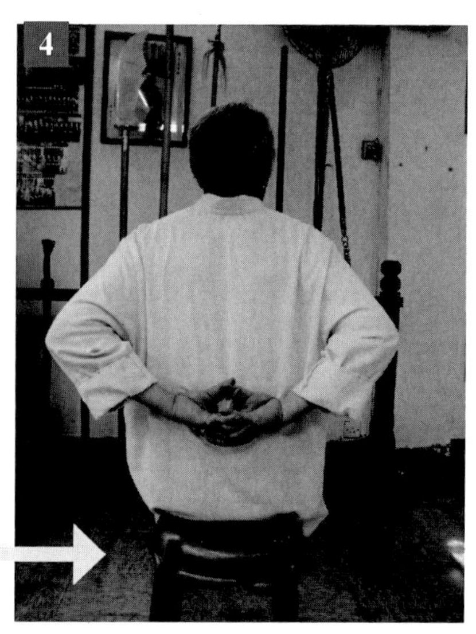

▲步驟 2：用薄荷膏稍作潤滑，以免因磨擦而弄傷皮膚。

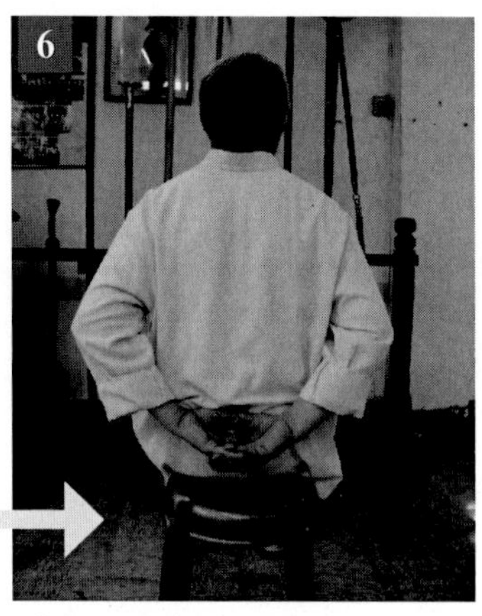

▲步驟 3：按摩時會令腰部產生熱力，屬於正常效果。

（七）治偏頭痛

頭頂為百會穴，經常按摩令頭部血液循環，減少頸痛、頭暈，使人精神健旺，明目開胃，頭腦清醒。

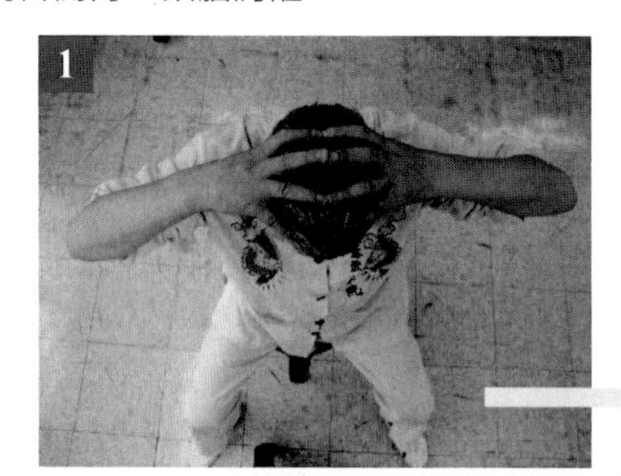

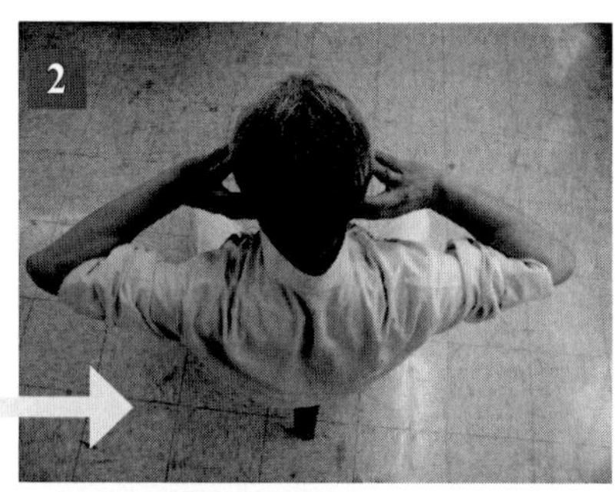

▲步驟 1：五指分別按於頭部，輕按天靈蓋之百會穴。

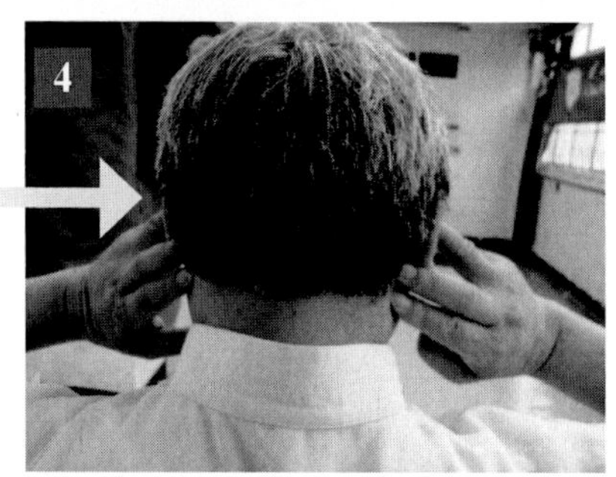

▲步驟 2：無名指按太陽穴，食指和中指穴，輕輕微力震動手指，呼吸慢長，思想寧靜，此乃可增加人的記憶力和眼目明亮。更有防治失眠之效。

（八）修肚腩

三焦中之中焦，時常按摩有助大腸蠕動，有助消化，腸臟貫通，有助消化系統之功能。加薄荷膏按摩更有消脂及收腹之效。

▲步驟 1：按腹式：先用手心按於正中按壓腹部，然後往右拉開。

▲步驟 2：手心由右再移中，按壓腹部再向左方拉動。

▲步驟 3：手心由左方再放回腹中，輕輕按下。

▲步驟 4：手心由腹中向上抽拉，然後再向下推按。

▲步驟 5：兩手手心分開左右來回旋轉式按摩

▲步驟 6：兩手用指尖放於肚臍的兩旁，先向下推按。

▲步驟 7：兩掌再由下抽起向上拉按，來回不停。

▲步驟 8：來回上下按摩五分鐘

（九）踢走拜拜肉

兩手以掌用力重複來回拍打左右手上臂，不但可收拜拜肉，更有防止和治療肩周炎的效果。

▲步驟 1：右手用力拍打左手上臂

▲步驟 2：左手用力拍打右手上臂

（十）治鼻敏感

兩手指輕按鼻樑兩側上下來回轉動，不但可預防鼻敏感，更有明目養顏效果。

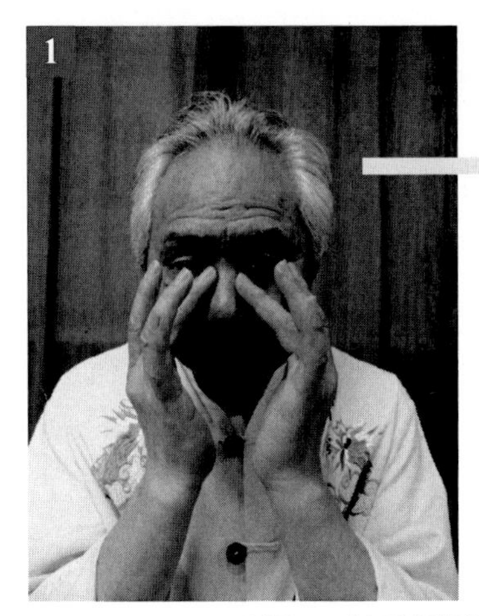

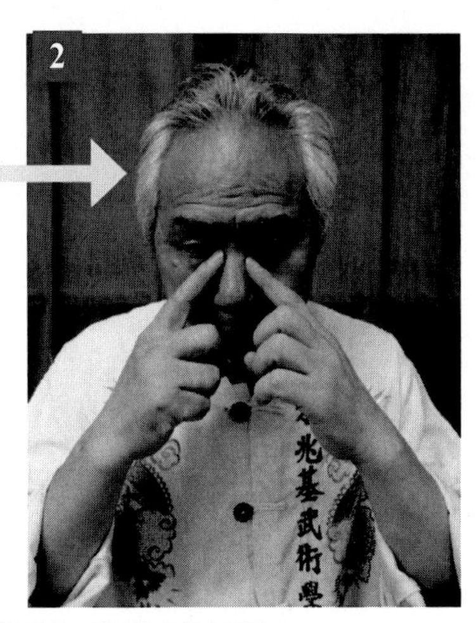

▲步驟 1：以手指輕按鼻樑兩側，輕輕來回轉動。

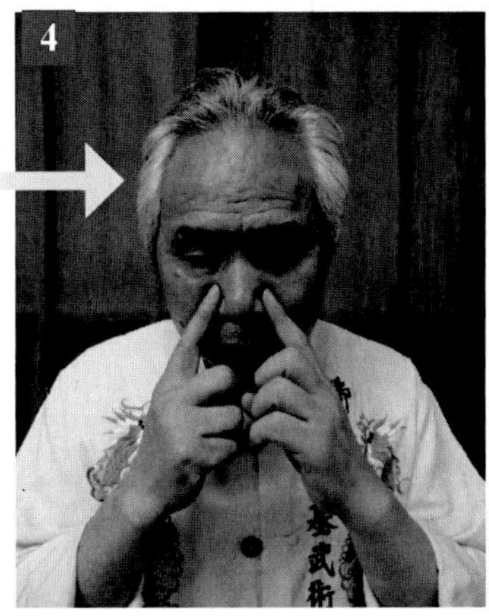

▲步驟 2：以手指輕按鼻樑兩側上下來回輕按。

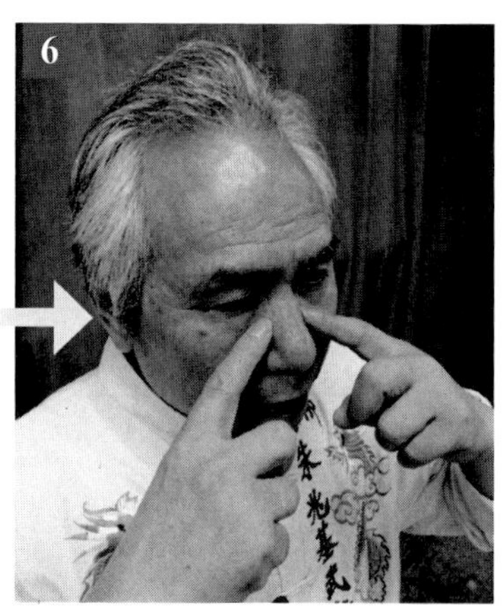

▲步驟 3：以手指輕按鼻樑兩側，以指力輕輕來回按下，然後放鬆，力度不宜太大。